BEI GRIN MACHT SICH IHR WISSEN BEZAHLT

- Wir veröffentlichen Ihre Hausarbeit,
  Bachelor- und Masterarbeit

- Ihr eigenes eBook und Buch -
  weltweit in allen wichtigen Shops

- Verdienen Sie an jedem Verkauf

Jetzt bei www.GRIN.com hochladen
und kostenlos publizieren

Christian Wolf

Der Kalifornische Seelöwe - Haltung am Beispiel des Tiergarten Nürnberg

GRIN Verlag

Bibliografische Information der Deutschen Nationalbibliothek:

Die Deutsche Bibliothek verzeichnet diese Publikation in der Deutschen National-
bibliografie; detaillierte bibliografische Daten sind im Internet über http://dnb.d-
nb.de/ abrufbar.

Impressum:

Copyright © 2011 GRIN Verlag GmbH
Druck und Bindung: Books on Demand GmbH, Norderstedt Germany
ISBN: 978-3-656-31064-8

Gymnasium Eschenbach i. d. Opf.   Oberstufenjahrgang 2010/2012

Seminararbeit
aus dem Fach
Biologie

Rahmenthema:
Untersuchungen zur angewandten Zoobiologie

Der Kalifornische Seelöwe-
Haltung am Beispiel des Tiergarten Nürnberg

Verfasser: Christian Wolf

W-Seminar: Biologie

Abgabetermin: 08.November 2011

Erzielte Punkte: _________________ in Worten: _____________________________
(einfache Wertung)

Ergebnis der
Präsentation: _________________ in Worten: _____________________________

Unterschrift des Seminarleiters: ____

Inhalt

1. Publikumsliebling „Kalifornischer Seelöwe"

Der Begriff „Zoo", wie wir ihn heute kennen, erinnert fast immer zuerst an die Tiervorführungen „exotischer" Tiere aus fremden Ländern. In diesen Vorführungen werden häufig Seelöwen gezeigt. Die schwarzen Wasserraubtiere begeistern durch Sprünge durch Reifen und durch das Jonglieren von Bällen. Sie springen auf Kommando scheinbar mühelos aus dem Wasser, folgen den Anweisungen des Pflegers und eilen durch das Wasser. Die Kalifornischen Seelöwen begeistern auch im Nürnberger Tiergarten sichtlich die Besucher, nicht selten verweilen hier größere Menschenmassen.

Im Folgenden werde ich die Faszination „Kalifornischer Seelöwen" vorstellen und auf die Haltungsbedingungen in Gefangenschaft am Beispiel des Tiergartens Nürnberg eingehen.

2. Allgemeines zum Kalifornischen Seelöwen
2.1 Systematik

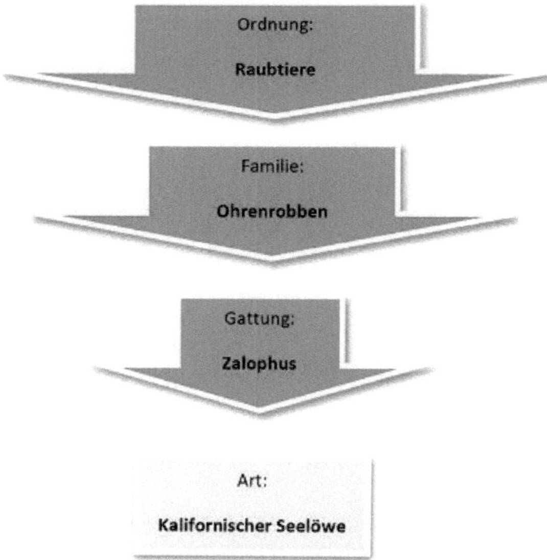

Abb. 1: Systematik des Kalifornischen Seelöwen

Der Zalophus californianus, besser bekannt als „Kalifornischer Seelöwe" gehört wie der Galápagos-Seelöwe (Zalophus wollebaeki) und der Japanische Seelöwe (Zalophus japonicus) zur Gattung der Seelöwen (Zalophus).[1] Da sich diese einzelnen Arten in Körperbau und Körpergröße stark voneinander unterscheiden ist eine Unterscheidung eher unproblematisch. Es wird jedoch erst seit einer aktuellen Einteilung nach WILSON und REEDER im Jahre 2005 von jeweils eigenständigen Arten ausgegangen.[2]

Diese Gattungen werden der Familie der Ohrenrobben zugerechnet, die „von den Schildkröteninseln an nach Norden hin bis zur Behringstraße die amerikanische und von der Behringstraße an bis zu den japanischen Gewässern die asiatische Küste des Stillen Ozeans und seiner Teile bevölkert".[3] Die Pflegerin Stefanie Krüger erklärt, bei männlichen Seelöwen spreche man auch von Bullen, bei den weiblichen Tieren von Kühen.[4]

Die Seelöwen gehören zur Ordnung der Raubtiere. Der Bau des Gebisses und des Körpers zeigt, die Verwandtschaft zu anderen Raubtiere.

2.2 Anatomie

Der Kalifornische Seelöwe ist schlank gebaut und weniger untersetzt, als andere Robben.[5]

Das Fell der Tiere erscheint im nassen Zustand dunkelbraun bis schwärzlich und scheint bei Trocknung heller. Die natürliche Färbung unterscheidet sich sowohl von Tier zu Tier, als auch zwischen den Geschlechtern, wobei

Abb. 2: Exemplare des Kalifornischen Seelöwen im Tiergarten Nürnberg

die Bullen meist ein dunkleres Fell mit einer helleren Bauch- und Seitenfärbung haben. Bei ihnen ist das kurze Fell vereinzelt auch gefleckt oder rötlich glänzend. Bei den Kühen hingegen erscheint es in der Regel in einem bräunlichen Farbton.[6] Nach

---

[1] Vgl. http://www.frontiersinzoology.com/content/4/1/20; 17.10.11
[2] Vgl. http://www.iucnredlist.org/apps/redlist/details/41666/0, 06.09.11
[3] Vgl. Der Große Brehm, Band 1, Säugetiere Teil 1, Safari Verlag, Berlin, 1964, S. 476
[4] Vgl. Pflegergespräch am 26.08.11, Frage 14
[5] Vgl. Pflegergespräch am 26.08.11, Frage 15
[6] Vgl. Pflegergespräch am 26.08.11, Frage 14

der Geburt ist das Fell der Jungtiere „schieferfarben" oder „grauschwarz" und nach einem Jahr „nussbraun" gefärbt – man spricht jetzt von einem „Jährling".[7]

Zwischen dem Fell und dem wärmeisolierenden Speckmantel im Unterhautbindegewebe haben die Tiere kein Unterfell, wie dies bei anderen Arten der Fall ist. Begründen ist dies schlichtweg am natürlichen Lebensraum.[8]

Ausgewachsene Seelöwen erreichen teilweise Längen von bis zu 5 Metern und ein maximalen Gewicht von über 500 kg, generell liegen die Durchschnittswerte jedoch deutlich darunter.[9] Die ausgewachsenen Männchen sind meist bei einer Größe von 250 cm etwas mehr als 200 kg schwer. Mit 175 cm Länge und weniger als 100 kg im Durchschnitt sind die Weibchen um einiges leichter und kleiner.[10]

Die Geschlechter unterscheiden sich also hinsichtlich Körperlänge und Gewicht stark voneinander. Man spricht hier von einem ausgeprägten Geschlechtsdimorphismus, der evolutionär begründet ist.[11]

Die sonst für männliche Bullen typischen Barthaare, die Vibrissen, fehlen beim Kalifornischen Seelöwen.[12]

Tierforscher sehen große Ähnlichkeiten hinsichtlich des Aufbaus zwischen dem Schädel der Ohrenrobben und dem eines Bären, der ebenfalls zur Ordnung der Raubtiere gerechnet wird. „Das starke Gebiss ist typisch für Raubtiere", zu denen die zutraulich scheinenden Robben gehören.[13]

Mit den spitzen Eckzähnen wird die Nahrung zerrissen und mit den Backenzähnen zermalmt.[14] Die starken mechanischen Belastungen haben zu Veränderungen im Gebiss geführt und eine Adaption der Wirbelsäule „im Hals- und Brustwirbelbereich bewirkt".[15]

---

[7] wie [3], Der Große Brehm, Band 1, Säugetiere Teil 1, Safari Verlag, Berlin, 1964, S. 476
[8] Vgl. Pflegergespräch am 26.08.11, Frage 15
[9] wie [3], Der Große Brehm, Band 1, Säugetiere Teil 1, Safari Verlag, Berlin, 1964, S. 476
[10] Vgl. http://www.zooschule-hannover.de/material/Tierinfos/seeloewe.pdf, 05.09.11
[11] Vgl. http://www.uni-protokolle.de/Lexikon/Geschlechtsdimorphismus.html, 05.09.11
[12] Vgl. Pflegergespräch am 26.08.11, Frage 15
[13] Vgl. Pflegergespräch am 26.08.11, Frage 16
[14] wie [3], Der Große Brehm, Band 1, Säugetiere Teil 1, Safari Verlag, Berlin, 1964, S. 477
[15] wie [13], Vgl. Pflegergespräch am 26.08.11, Frage 16

Ohrenrobben können sich an Land leichter fortbewegen, nachdem sich die Gruppe der Robben bereits zu Beginn des Tertiärs langsam aus einer im Wasser lebenden Raubtiergruppe entwickelt haben. Da „im Mitteltertiär [...] die Hunds- und Ohrenrobben als eigenständige Entwicklungslinien vertreten [waren]" haben sich bei dieser Art speziell die hinteren Extremitäten nicht so stark zurückgebildet, wie dies beispielweise bei den Seehunden der Fall ist. Dadurch können die Tiere diese unter ihren Körper bringen und sich auch an Land relativ flink und sicher fortbewegen.[16]

2.3 Ernährung

Zur bevorzugten Beute der Seeraubtiere zählen Kleinfische, aber auch Lachse, Tintenfische und Krebse.[17] Die Jagd macht in freier Wildbahn einen erheblichen Anteil des Tagesablaufs aus.[18] Im Zoo werden die Fütterungen zumeist mit Dressuren und Vorführungen kombiniert. Hierbei werden auch die Tiere auf Verletzungen am Körper und Veränderungen im Gebiss hin untersucht. Sie bekommen in Gefangenschaft zusätzlich zu den aufgetauten Seefischen, wie Heringe und Makrelen, Nahrungsergänzungsmittel. Die bei der Lagerung bei rund -40° C verlorenen Vitamine E, sowie Salze werden täglich, Vitamin B alle zwei Tage in Tablettenform verabreicht. An warmen Tagen liegt der Bedarf an Fisch bei rund 30-35 kg Fisch, d.h. 5- 6 kg je Tier. Bei Seelöwenbullen und an kühleren Tagen ist der Bedarf wesentlich höher.[19]

Nach Aussage der Pflegerin ist eine Lebendfütterung aus Tierschutzgründen nach dem TierSchG nicht erlaubt. In §2 TierSchG scheint der Gesetzgeber dies nicht zu verbieten, vielmehr wird dies hier scheinbar explizit gefordert: Jeder der „ein Tier hält, betreut oder zu betreuen hat (in diesem Fall der Zoo), muss das Tier seiner Art und seinen Bedürfnissen entsprechend angemessen ernähren, pflegen und verhaltensgerecht unterbringen". Zu einer artgerechten Haltung gehört sicher nicht zuletzt ein „Enrichment" durch eine raubtiergerechte Fütterung, da das Ziel „ eine möglichst an den ursprünglichen Verhaltensweisen und Lebensraumbedingungen der domestizierten Tiere orientierte Form der Tierhaltung [ist]" [20] Durch die Haltung „darf die Möglichkeit des Tieres zu artgemäßer Bewegung nicht so [eingeschränkt

---

[16] wie ³, Der Große Brehm, Band 1, Säugetiere Teil 1, Safari Verlag, Berlin, 1964, S. 476
[17] wie ³, Der Große Brehm, Band 1, Säugetiere Teil 1, Safari Verlag, Berlin, 1964, S. 476
[18] wie ², http://www.iucnredlist.org/apps/redlist/details/41666/0, 06.09.11
[19] Fütterungsplan, 26.09.11
[20] http://www.umweltlexikon-online.de/RUBnaturartenschutz/ArtgerechteTierhaltung.php, 26.10.11

werden], dass ihm Schmerzen oder vermeidbare Leiden oder Schäden zugefügt werden".[21] Durch eine adäquate Fütterung könnte man sicher den Instinkten des Tieres gerecht werden, die in freier Wildbahn durch die Jagd der Beutetiere zum Ausdruck kommen.

2.4 Verbreitungsgebiet

Die Heimat des Kalifornischen Seelöwen sind die pazifischen Küsten Nord- und Mittelamerikas. Sie sind vor Kalifornien bis nach Nordmexiko in Kolonien anzutreffen, in der Grafiksind diese blau eingezeichnet. Die einzeln auftretenden Tiere bei ihrer Wanderung sind hellblau verzeichnet. Außerhalb der Paarungszeit wandern sie bis an die kanadische Küste im Norden und im Süden weiter die Küste vor Mexiko entlang. [22,23]

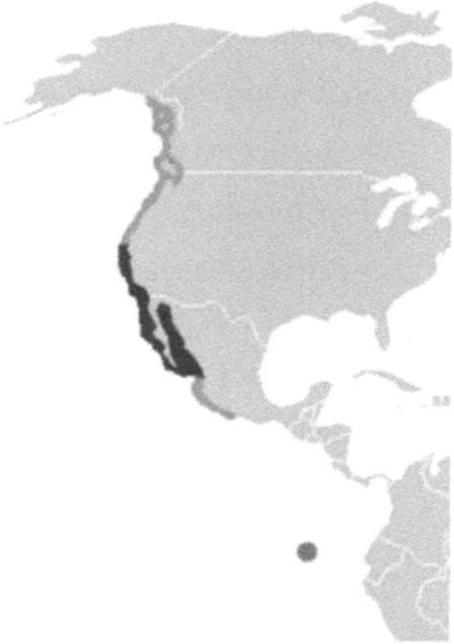

Den Galápagos-Seelöwen findet man noch immer auf den Galápagos-Inseln vor. Das mittlerweile sehr begrenzte Verbreitungsgebiet ist hier rot eingezeichnet. [23,24]

Abb.3: Verbreitungsgebiet des Kalifornischen und des Galápagos- Seelöwen

Der einst an den Küsten Japans und Koreas beheimatete japanische Seelöwe wird von der IUCN als ausgestorben geführt.[24]

2.5 Lebensweise

Zum bevorzugten Lebensraum gehören Sandstrände und flache Felsformationen in Küstennähe von Britisch- Kolumbien bis Mexiko. Nur selten entfernen sich die Tiere weit vom Land. Die exzellenten Schwimmer orientieren sich im Wasser mittels Echoortung und können rund 10 min lang tauchen. Dabei erreichen sie Tiefen bis weit über 200 m.[25]

---

[21] Vgl. http://www.gesetze-im-internet.de/tierschg/BJNR012770972.html, 26.10.11
[22] wie [3], Der Große Brehm, Band 1, Säugetiere Teil 1, Safari Verlag, Berlin, 1964, S. 477
[23] wie [2], http://www.iucnredlist.org/apps/redlist/details/41666/0, 06.09.11
[24] wie [2], http://www.iucnredlist.org/apps/redlist/details/41666/0, 06.09.11
[25] wie [2], http://www.iucnredlist.org/apps/redlist/details/41666/0, 06.09.11

Die Raubtiere jagen meist in kleinen oder großen Gruppen in bis zu 40 m Tiefe. Nachdem sie einen Fischschwarm lokalisiert haben, wird der Fischschwarm teilweis gemeinsam mit Tümmlern und Seebären eingekreist und gejagt.[26] Mit maximalen Geschwindigkeiten von rund 25 bis zu 40 km/h sind sie bei ihren Beutetieren gefürchtet.[27]

Das Fortpflanzungsverhalten läuft in etwa wie bei allen anderen Ohrenrobben auch ab. Die Bullen treffen jedes Jahr zu Beginn der Paarungszeit zwischen Mai und Juni an den gleichen Paarungsplätzen ein. In den zwei Wochen bis zum Eintreffen der Kühe liefern sich die Bullen Kämpfe ab. Die großen und starken Bullen, die ihr Territorium gegen die anderen verteidigen können, scharen dort einen Harem von bis zu 20 Weibchen um sich. [28]

Nach einer 11- 12 Monate langen Tragedauer bringen die Kühe zunächst die im Vorjahr gezeugten Jungtiere zur Welt. Für gewöhnlich bringt eine Kuh nur eine Junges im Jahr auf die Welt. Ein besonders dichtes Fell schützt im den ersten zwei bis drei Monaten besonders gut

Abb. 4: Muttertier mit zwei Jungtieren im Tiergarten Nürnberg

vor Auskühlung, welches anschließend durch ein Erwachsenenfell ersetzt wird. Die neugeborenen Jungtiere können von Geburt an schwimmen und können sich bereits nach einer halben Stunde an Land „holprig fortbewegen". [29]

Nach etwa einer Woche paaren sich die Kühe mit dem jeweiligen Bullen ihres Territoriums. Kühe werden „bis zum Ende [der Paarung] oft mit Gewalt daran gehindert, die Kolonie zu verlassen".[30] Erst danach können sie diese verlassen und auf Nahrungssuche gehen. In regelmäßigen Abständen kehren sie zurück und versorgen ihren Nachwuchs. Während der folgenden vier bis sechs Monate wird das Junge nun von seiner Mutter gesäugt. Durch den für jedes Tier individuellen Ruf

---

[26] http://tierdoku.com/index.php?title=Kalifornischer_Seel%C3%B6we#Beschreibung, 05.09.11
[27] Vgl. Pflegergespräch am 26.08.11, Frage 17
[28] Vgl. Pflegergespräch am 26.08.11, Frage 4
[29] http://www.markuskappeler.ch/tex/texs/seeloewe.html, 05.09.11
[30] Pflegergespräch, Frage 4

können sich die Mütter- und Jungtiere leicht wieder finden. Mittels des Geruchs könne die Identität nochmals bestätigt werden.[31]

Die „Tagtiere"[32] schlafen bzw. sonnen sich viel. Den Großteil der Zeit verbringen sie beim fressen oder gemeinsamen schwimmen und jagen. Solange die örtliche Nähe weiter gegeben ist, besteht die Mutter-Kind-Beziehung noch über einen längeren Zeitraum, bei manchen Seelöwenarten sogar über mehrere Jahre, weiter. Deshalb werden beispielsweise im Nürnberger Tiergarten die ca. neun Monate alten Jungtiere ins Delphinarium gebracht, wo sie fortan ohne die Muttertiere leben.[33]

3. Der Kalifornische Seelöwe im Tiergarten Nürnberg

3.1 Gehegebeschreibung

Der Tiergarten Nürnberg hat sich nicht zuletzt durch die beliebten Säugetiere im hinteren Teil des Tiergartens einen Namen gemacht. Im sogenannten „Aquapark" findet sich in direkter Nachbarschaft zu den Pinguinen und Eisbären das Gehege der Kalifornischen Seelöwen (Zalophus californianus, Lesson, 1828)[34].

3.1.1 Blick auf das Gehege

Gelangt man an das Gehege fällt der Blick auf die grünlich schimmernde Wasserfläche (840 m²) mit den beiden Inseln. Im Wasser tummeln sich einige der derzeit sechs ausgewachsenen Seelöwinnen zusammen mit den Seehunden, mit denen sie sich das Gehege teilen. [35]

Abb.5: Gehege im Tiergarten Nürnberg mit Seelöwen beim „Sonnen" auf der linken Insel

Vorwiegend auf der linken Felsformation, die trotz des kleineren Grundrisses eine größere Liegefläche bietet, „sonnen" sich die restlichen Seelöwen. Unterdessen spielen dort die drei Seelöwenbabys miteinander. Ein liegender Baum verbindet diese Insel mit dem Landteil, der als Zugang für die Pfleger dient, dazu aber später mehr.

---

[31] Vgl. Pflegergespräch am 26.08.11, Frage 4
[32] Vgl. Puschmann, Wolfgang, Zootierhaltung- Tiere in menschlicher Obhut, Säugetiere, Deutsch Harri GmbH Februar 2004, S. 528 f.
[33] Vgl. Pflegergespräch am 26.08.11, Frage 4
[34] Vgl. Informationstafeln am Gehege
[35] Vgl. http://tiergarten.nuernberg.de/v04/Details.246+M5067d1b723c.0.html, 24.09.11

Während der Beobachtungen konnte ich feststellen, dass die auf der rechten Seite gelegene Insel nur sehr selten als Liegemöglichkeit genutzt wird. Die Pflegerinnen konnten meine Eindrücke bestätigen und fügten hinzu, dass diese mehr von den „schüchternen" Seehunden -als Rückzugsmöglichkeit- genutzt werde.[36]

An die Wasserfläche schließt sich zunächst der Landteil an, zu dem noch eine größere Wiese gehört, die sich hinter dem Gehege der Pinguine befindet. Obwohl diese den Tieren prinzipiell ständig zur Verfügung steht, wird nur der kleinste Teil der insgesamt 500 m² genutzt. Laut der Pflegerin wollen die Robben schlichtweg den verhältnismäßig langen Weg nicht auf sich nehmen. [37]

3.1.2 Stall und Futterküche

Abb. 6: Box ohne Wasserbecken

Auf der gegenüberliegenden Seite, hinter der Landfläche, befindet sich der Stall mit Boxen mit einer Grundfläche von jeweils rund 4 Quadratmetern. Zwei der Boxen haben ein integriertes Wasserbecken mit zirka 30 cm Tiefe. In den anderen Boxen werden nach Aussage der Pflegerin vor Benutzung Kübel aufgestellt, die ebenfalls mit Wasser gefüllt werden. Die Boxen beherbergen die Kalifornischen Seelöwen und die Seehunde vorwiegend nachts. Auch an besonders kalten (Winter-) Tagen werden diese vermehrt aufgesucht.[38]

Die Außen- und Innenflächen sind durch eine Luke verbunden, die direkt in einer der Boxen mündet. Das Personal erreicht das Gehege durch eine Verbindungstüre zwischen Gehege und dem seitlich gelegenem Landteil.

Ebenfalls im Stall findet man den auch „Futterküche" genannten 25 m² großen Pflegerraum mit einem Kühlschrank, in dem der gefrorene Fisch gelagert wird, sowie einer Art Waschbecken in dem das Futter portionsweise aufgetaut wird, wie Frau Krüger erklärt.[39]

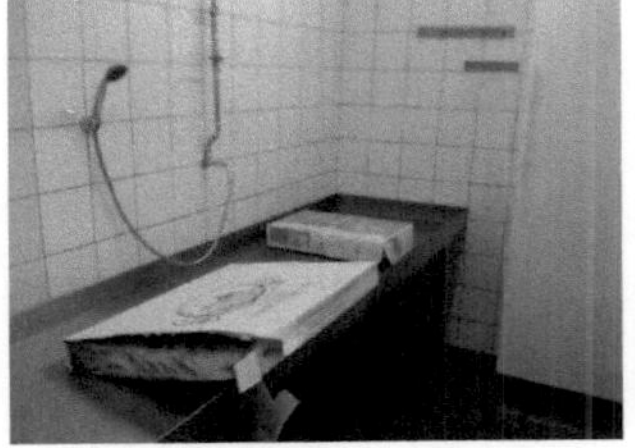

Abb. 7: „Fütterküche" mit Kühlschrank und Auftaubecken für gefrorenen Fisch

---

[36] Vgl. Pflegergespräch am 26.08.11, Frage 11
[37] Vgl. Pflegergespräch am 26.08.11, Frage 18
[38] Vgl. Pflegergespräch am 26.08.11, Frage 19

3.1.3 Unterwassergang

Zwischen dem Gehege der Seelöwen und dem der Eisbären liegt ein unterirdisch verlaufender Weg. Durch Unterwasserscheiben kann man die schwimmenden Robben von „unten" beobachten und den Tieren so „ganz nah" sein, wie der 8-jährige Zoobesucher Matthias meint, der von den schwimmenden Raubtieren sichtlich begeistert ist.[40]

3.2 Technische Informationen

Für den Besucher kaum zu erkennen ist die vielfältige Technik, die für die Reinigung der 2205 m³ Wasser nötig sind. Mittels dreier leistungsfähiger Pumpen wird das Wasser in den Rotationsklärer befördert. Im Schwallwasserbehälter wird das Schmutzwasser angestaut und durchläuft verschiedene Kieselfilter. Mit einem Scheibenfilter werden auch kleine Partikel herausgefiltert. Durch den Einsatz einer UV- Entkeimungsanlage werden Bakterien abgetötet, d.h. es kann auf chemische Zusätze vollständig verzichtet werden. Um eventuell auftretenden Algen Nährstoffe zu entziehen, könnten die Filter mit „spezifischen Kulturen angeimpft werden". Die Filterung durchläuft täglich rund zwei Mal die verschiedenen Reinigungsstufen um den Raubtieren bestmögliche Haltungsbedingungen zu bieten.[41]

3.3 Beschreibung der Tiere im Nürnberger Tiergarten

Die Kalifornischen Seelöwen wurden alle in Zoos geboren und sind somit das Leben in Gefangenschaft gewohnt. Ein Austausch der Tiere zwischen verschiedenen Zoos findet zum Zweck einer geplanten Zucht statt.[42]

Dies erweise sich in der Praxis als unproblematisch, da sich die „neuen" Tiere zunächst in der Hierarchie ihren Artgenossen unterordnen.[43]

3.3.1 Der Seelöwenbulle „Patrick" im Tiergarten Nürnberg

„Patrick" war zuletzt der einzige männliche Kalifornische Seelöwe im „Aquapark" des Tiergartens Nürnberg. Der aus Rotterdam stammende Haremschef wurde am 17.06.1987 geboren.[44]

---

[39] Vgl. Pflegergespräch am 26.08.11, Frage 13
[40] Zoobesucher am 04.09.11
[41] Vgl. Tiergarten Nürnberg, Baustelle.doc (Nürnberg, ohne Datum)
[42] Vgl. Pflegergespräch am 26.08.11, Frage 2
[43] Vgl. Pflegergespräch am 26.08.11, Frage 3

Laut Tiergarten-Vizedirektor Helmut Mägdefrau zählte er „mit 37 herangewachsenen Jungen [...] zu den erfolgreichsten Haremsführern seiner Art". Nachdem er bei den letzten Brunften deutlich abgebaut und sich nicht mehr erholt und zuletzt nicht mehr gefressen habe, wie Mägdefrau im AZ- Interview erklärt, ist Patrick am 01. Juli 2011 im Alter von 24 Jahren gestorben.[45]

3.3.2 Seelöwenkühe mit ihren Seehundbabys im Tiergarten Nürnberg

„Lisa" ist die „Chefin" unter den Seelöwenkühen im Gehege. Sie wurde am 13.06.1993 im Zoo von Wuppertal geboren und lebt seit 1994 im Nürnberger Tiergarten. Sie kann mit ihrem etwas schiefen Maul relativ leicht erkannt werden. Zudem hat sie stets ein Auge geschlossen.[46] Sie brachte am 16.06.2011 mit **„Luise"** ihr zehntes Jungtier zur Welt. „Luise" ist z.Z. das größte und dickste Jungtier.[47]

„Ginger" wurde am 03.06.2001 im Wuppertaler Zoo geboren und ist an ihrem schmalen Gesicht erkennbar. Mit **„Giselle"** kam sie am 27.05.2011 zum sechsten Mal nieder. „Giselle" ist das kleinste der Jungtiere.[48]

„Josefine" wurde am 10.06.98 im Nürnberger Delphinarium geboren. Das mit 14 Geburten „erfahrenste" Muttertier schenkte am 20.06.11 **„Janne"** das Leben. Sie ist an ihren langen Barthaaren (Vibrisse) erkennbar.[49]

„Sally" wurde am 15.06.86 im Tiergarten geboren. Sie hat die dunkelste Fellfärbung und den breitesten Kopf.

„Hannah" ist die Enkelin „Sallys" und wurde am 22.06.02 ebenfalls in Nürnberg geboren. Erkennbar ist sie an ihrem auffallend hellen Fell und der „Schweinchen-Nase"[50/51]

„Nancy" wurde am 12.05.84 im Nürnberger Tiergarten geboren und musste im März 2011 wegen einer schmerzhaften Arthrose eingeschläfert werden. Sie war eine der ältesten Seelöwinnen Europas.[52]

---

[44] wie [34], vgl. Informationstafeln am Gehege
[45] http://www.abendzeitung-nuernberg.de/default.aspx?ID=12279&shownews=987225, 10.08.11
[46] wie [34], vgl. Informationstafeln am Gehege
[47] Vgl. Pflegergespräch am 26.08.11, Frage 1
[48] Vgl. Pflegergespräch am 26.08.11, Frage 1
[49] wie [34], vgl. Informationstafeln am Gehege
[50] wie [34], vgl. Informationstafeln am Gehege
[51] Vgl. Pflegergespräch am 26.08.11, Frage 1
[52] http://www.br-online.de/studio-franken/aktuelles-aus-franken/tiergarten-nuernberg-seeloewin-nancy-tot-ID1299258385354.xml, 09.09.11

Der Seelöwe „**Chris**" wurde am 26.06.2000 als eines der Jungen von „Nancy" geboren.

3.4 Interaktion zwischen Mensch und Tier

In freier Wildbahn besteht zumeist keine aktive Beziehung żwischen Mensch und den Seelöwen mehr. Nachdem während des 19. Jahrhunderts der Kalifornische Seelöwe wegen ihrer Haut und ihrem Tran gejagt wurden, war die Art vom Aussterben bedroht. Heute ist der Mensch nicht mehr als Bedrohung für das Tier zu sehen, vielmehr bilden die Kolonien touristische Anziehungspunkte. Infolgedessen haben sich die Bestände auch wieder erholt.[53]

In Zoos ist das Verhältnis zwischen den Tieren und dem Mensch natürlich enger. Der Mensch bzw. in diesem Fall der/ die PflegerIn dressiert die Tiere, bringt ihnen Kunststücke bei, welche bei den Vorstellungen vorgeführt werden.

Abb. 8: Fütterung im Tiergarten Nürnberg

Dabei werden die Tiere gefüttert und die Gesundheit der Tiere kontrolliert. Diese mit Dressuren verbundenen Fütterungen sind als Enrichment zu sehen. Gelegentlich ist zu beobachten, dass die Tiere mit im Becken platzierten Kanistern oder den Besuchern hinter den Glasscheiben „spielen". Sobald die Tiere mit der Aufzucht der Jungtiere beschäftigt sind, wird ein solches Enrichment jedoch überflüssig. Die Beziehung zum Pfleger tritt in den Hintergrund und der „Pfleger wird […] nur noch als Futterlieferant gesehen".[54]

4. Zusammenleben mit Seehunden

4.1 Informationen zu Seehunden im Tiergarten

Im „Aquapark" des Tiergartens Nürnberg leben inzwischen zwei Seehunddamen. „Nele" stammt aus dem Zoo Bremerhafen und kam vor

Abb. 9: Seehunde „Nele" und „Olivia" bei der Fütterung

---

[53] wie [2], http://www.iucnredlist.org/apps/redlist/details/41666/0, 06.09.11
[54] Vgl. Pflegergespräch am 26.08.11, Frage 8

sechs Jahren nach Nürnberg. „Olivia" stammt ursprünglich aus einem holländischen Delfinarium. Sie teilt sich seit 2008 das Gehege mit „Nele" und den Seelöwen.[55]

4.2 Gründe für eine gemeinsame Haltung zusammen mit den Seelöwen

Die Seelöwen lebten lange Zeit „alleine" in „ihrem" Gehege im „Aquapark" bis vor einigen Jahren die beiden Seehunde „angeschafft" wurden. Grund für die Anschaffung von Seehunden und infolgedessen für eine gemeinsame Haltung sei schlichtweg die Tatsache gewesen, dass die meisten Zoobesucher die beiden Tierarten nicht auseinander kennen können, wie die Pflegerin im Gespräch erklärt. Probleme aus der gemeinsamen Haltung seien nicht festzustellen, da die Seehunde ziemlich schüchtern seien und sich von den Seelöwen isolieren.[56]

5. Schlusswort

Ziel der Seminararbeit war es, die Haltungsbedingungen des Kalifornischen Seelöwen anhand des Tiergarten Nürnberg darzustellen.

Meine Seminararbeit stellt zunächst das Tier im Allgemeinen dar. Der „Stammbaum" des zu den Ohrenrobben gehörenden Raubtiers wird vorgestellt. Die Anatomie und sein äußeres Erscheinungsbild werden verdeutlicht. Es wird festgehalten, dass sich die Nahrungsgewinnung stark von einem in Freiheit lebenden Artgenossen unterscheidet. Hinsichtlich der Zusammensetzung der Nahrung sind zwar keine Defizite erkennbar, jedoch wirft die „Verabreichung" der Nahrung Fragen auf. Der tote Fisch wird bei den Fütterungen direkt ins Maul des Tieres geworfen, was in Kontrast zur Jagd der Nahrung in freier Wildbahn steht. Eine ausdrückliches gesetzliches Verbot einer Lebendfütterungen kann ich nicht bestätigen, vielmehr scheint dies im Konflikt zur artgerechten Haltung nach dem Tierschutzgesetz stehen. Die Heimat des Kalifornischen Seelöwen sind für gewöhnlich die Sandstrände an der Küste zwischen Kanada und Nordmexiko. Desweiteren werden die Paarung, die Fortpflanzung, sowie die Aufzucht der Jungtiere präsentiert. Kernthematik ist die Haltung in Gefangenschaft am Beispiel des Tiergarten in Nürnberg. Aktuell teilen sich sechs ausgewachsene Seelöwinnen mit ihren drei Jungtieren das Gehege im „Aquapark" mit zwei Seehunddamen. Das

---

[55] Vgl. Pflegergespräch am 26.08.11, Frage 1
[56] Vgl. Pflegergespräch am 26.08.11, Frage 11

Gehege und die Tiere werden genauer beschrieben. Eine gemeinsame Haltung der beiden Tierarten erweist sich laut dem Zoopersonal als unproblematisch.

Offen blieb leider weiterhin die Frage der Möglichkeit einer Lebendfütterung.

Im Gehege könnte die Insel vergrößert werden, um allen Seelöwen genügend Liegeflächen zu bieten. Eine Liegefläche aus Sand würde sich anbieten.

Abschließend möchte ich mich noch einmal bei Frau Krüger für die kompetente Betreuung und den angenehmen Kontakt bedanken. Der Zooleitung danke ich für die Möglichkeit eine praxisbezogenen Seminararbeit erstellen zu können.

Literaturverzeichnis

1. Bücher
   Brehm, Alfred Edmund. Der Große Brehm, Band 1, Säugetiere Teil 1. Safari Verlag, 1964

   Puschmann, Wolfgang. „Zootierhaltung- Tiere in menschlicher Obhut, Säugetiere". Deutsch Harri GmbH, 2004

2. Internetquellen
   „Zalophus californianus".
   http://www.iucnredlist.org/apps/redlist/details/41666/0.06.09.11

   „Research: Galápagos and Californian sea lions are separate species [...]".
   http://www.frontiersinzoology.com/content/4/1/20. 17.10.11

   Vogel, Christine. „Kalifornischer Seelöwe".
   http://www.zooschule-hannover.de/material/Tierinfos/seeloewe.pdf, 05.09.11

   „Geschlechtsdimorphismus".
   http://www.uniprotokolle.de/Lexikon/Geschlechtsdimorphismus.html, 05.09.11

   „Kalifornischer Seelöwe".
   http://tierdoku.com/index.php?title=Kalifornischer_Seel%C3%B6we#Beschr eibung. 05.09.11

   Kappeler, Markus. „Kalifornischer Seelöwe".
   http://www.markuskappeler.ch/tex/texs/seeloewe.html. 05.09.11

   „Artgerechte Tierhaltung". http://www.umweltlexikon-online.de/RUBnaturartenschutz/ArtgerechteTierhaltung.php. 26.10.11

   „Tierschutzgesetz".
   http://www.gesetze-im-internet.de/tierschg/BJNR012770972.html. 26.10.11

   „Neues Leben und Tod bei den Kalifornischen Seelöwen".
   http://tiergarten.nuernberg.de/v04/Details.246+M5067d1b723c.0.html. 24.09.11

   Schaller. „Süße Seelöwen- Babys...". http://www.abendzeitung-nuernberg.de/default.aspx?ID=12279&shownews=987225. 10.08.11

   http://www.br-online.de/studio-franken/aktuelles-aus-franken/tiergarten-nuernberg-seeloewin-nancy-tot-ID1299258385354.xml. 09.09.11

3. <u>Sonstige Quellen</u>

Krüger, Stefanie. Pflegergespräch. 26.08.11

Wolf, Matthias. Meinung eines Zoobesuchers. 04.09.11

Fütterungsplan in der Futterküche. 26.09.11

Informationstafeln am Gehege

Tiergarten Nürnberg, Baustelle.doc (Nürnberg, ohne Datum)

<u>Abbildungsverzeichnis</u>

Abb. 1: Systematik des Kalifornischen Seelöwen

Basierend auf http://de.wikipedia.org/wiki/Kalifornischer_Seel%C3%B6we

Abb. 2: Exemplare des Kalifornischen Seelöwen im Tiergarten Nürnberg,

Privataufnahme

Abb. 3: Verbreitungsgebiet des Kalifornischen und des Galápagos- Seelöwen

http://de.wikipedia.org/wiki/Kalifornischer_Seel%C3%B6we

Abb. 4: Muttertier mit zwei Jungtieren im Tiergarten Nürnberg, Privataufnahme

Abb. 5: Gehege im Tiergarten Nürnberg mit Seelöwen beim „Sonnen"

auf der linken Insel, Privataufnahme

Abb. 6: Box ohne Wasserbecken, Privataufnahme

Abb. 7: „Fütterküche" mit Kühlschrank und Auftaubecken für gefrorenen Fisch,

Privataufnahme

Abb. 8: Fütterung im Tiergarten Nürnberg, Privataufnahme

Abb. 9: Seehunde „Nele" und „Olivia" bei der Fütterung, Privataufnahme